AF459456

# ACCROISSEMENT

DES

# VÉGÉTAUX DYCOTYLÉDONÉS LIGNEUX,

REPRODUCTION DU BOIS ET DE L'ÉCORCE

## PAR LE BOIS DÉCORTIQUÉ,



**Par M. Aug. TRÉCUL.**

Mémoire lu à l'Académie des sciences, dans la séance du 13 décembre 1852.

---

(Extrait des *Annales des sciences naturelles*, 3ᵉ série, t. XIX.)

---

### PREMIÈRE PARTIE.

#### Résultat des expériences.

J'ai souvent parlé, dans ces derniers temps, du développement local des couches ligneuses, des métamorphoses des tissus élémentaires, des changements que ceux-ci sont susceptibles de subir dans leur jeunesse pour produire tel ou tel organe, suivant les besoins de la plante. Les modifications auxquelles le tissu cellulaire est soumis pour se transformer en fibres ligneuses ont été signalées dans mon dernier Mémoire. J'ai prouvé également que le bois, dépourvu de ses couches corticales, peut reproduire aussi du bois et une nouvelle écorce ; mais cette reproduction, bien que hors de doute aujourd'hui, nécessitait de nouvelles études. Il fallait reconnaître quels sont les moyens que la nature emploie pour donner lieu à cette régénération, quel est le mode de multiplication des parties élémentaires des plantes qu'elle met en usage pour faire que les tissus du bois dénudé se recouvrent de nouveau bois et d'une écorce nouvelle ; il fallait s'assurer, en outre, si les divers éléments du bois, c'est-à-dire les rayons médullaires, les fibres ligneuses et les vaisseaux, concourent à cette production.

La régénération de l'écorce et du nouveau bois une fois résolue, il y avait encore une autre question importante à élucider : il s'agissait de savoir si, de son côté, l'écorce peut donner naissance à du bois, et comment ce bois se forme, s'il peut réellement naître de l'écorce.

J'avais donc à répondre aux deux questions suivantes :

1° Comment de l'écorce et du bois naissent-ils de l'*aubier* mis à nu par une décortication ?

2° Du bois et de l'écorce peuvent-ils être produits par l'*écorce* sans le secours direct du bois ancien, et comment s'accomplit ce phénomène ?

Des expériences entreprises au Muséum d'histoire naturelle de Paris m'ont permis d'apporter une solution à ces deux problèmes. Elles ont été faites sur des arbres variés, tels que des *Paulownia*, des *Ormes*, des *Marronniers d'Inde*, des *Noyers*, des *Érables*, un *Cognassier*, un *Tilleul*, un *Gleditschia* et des *Robinia*. Tous ont donné des résultats importants, et sur quelques uns de ces arbres, ils sont tels qu'il n'est plus possible de conserver le moindre doute à l'égard des deux questions posées précédemment.

Aujourd'hui, j'aurai l'honneur d'exposer à l'Académie la solution du premier problème, c'est-à-dire que je dirai comment le bois privé de son écorce peut en produire une nouvelle, en même temps qu'il régénère du nouvel aubier, ainsi que l'ont démontré les excroissances développées sur le *Nyssa angulisans* (*Ann. des sc. nat.*, 3ᵉ sér., 1852, t. XVII, *Observations rela-*

*tives à l'accroissement en diamètre des végétaux dicotylédonés ligneux*).

Avant de tracer la description des faits auxquels nous ont conduit nos expériences, il est nécessaire de jeter un coup d'œil sur les travaux des auteurs qui ont étudié ces intéressantes questions.

Duhamel, cet habile expérimentateur, souvent cité pendant le débat qui s'est ouvert devant l'Académie des sciences, répondit affirmativement aux deux propositions précédentes ; mais nous avons vu aussi que l'exactitude des résultats auxquels il est parvenu a été niée par deux physiologistes fort habiles également, Meyen et Dutrochet, qui firent aussi des recherches sur ce sujet important. Cependant, si Duhamel a constaté la formation de l'écorce par le bois, et celle du bois par l'écorce, il n'a pu reconnaître rigoureusement leur origine, ni le mode de multiplication des organes élémentaires de ce bois et de cette écorce, que la nature emploie pour effectuer ce phénomène.

Vérifier si le liber se change en bois, ainsi que le croyait Malpighi, était le but de Duhamel. Tous les botanistes connaissent les conclusions qu'il a déduites de ses recherches. Nous n'avons pas à les rappeler ici. Par conséquent, nous nous contenterons de faire remarquer que le phénomène organogénique restait complétement à découvrir.

Voici, au reste, les principaux résultats de ses expériences.

Ayant pensé que le dessèchement des couches ligneuses, quand on enlève un anneau d'écorce sur un arbre, est un obstacle à toute production à la surface de cette partie dénudée, il eut l'idée de recouvrir des troncs ainsi décortiqués avec des tuyaux de cristal, et de fermer hermétiquement les extrémités des tubes avec un mastic composé de craie et de térébenthine.

« Le 8 avril, dit-il (1), j'aperçus une *gourme* ou bourrelet ga-
» leux qui sortait d'entre le bois et l'écorce, principalement à la
» partie supérieure de la plaie : vers le bas de cette plaie, il n'en

(1) *Physique des arbres*, édit. 1758, t. II, p. 42.

» parut qu'un fort petit. Je vis aussi des *mamelons gélatineux qui » sortaient d'entre les fibres longitudinales de l'aubier;* ces mame- » lons étaient isolés, et ne tenaient pas aux bourrelets dont je » viens de parler. La plupart de ces mamelons gélatineux sor- » taient de dessous de petites lanières de liber extrêmement » minces, ou feuillets de bois nouvellement formé, qui apparem- » ment étaient restés sur le bois, quoique l'écorce eût été enlevée » bien nette dans le temps de la séve. Je vis d'abord paraître çà » et là de petites taches rousses, c'étaient les membranes minces » dont je viens de parler : je les vis peu à peu se gonfler, et peu » de temps après j'aperçus au-dessous de petites productions gre- » nues, blanchâtres, demi-transparentes et comme gélatineuses, » qui soulevaient les petits feuillets membraneux.

» Cette matière, en apparence gélatineuse, devint de couleur » grisâtre, et, le 18 avril, elle avait pris une teinte verte. Toutes » ces productions continuèrent à s'étendre pendant l'été : le bour- » relet du haut de la plaie prit de l'étendue; celui du bas fit peu » de progrès. Peu à peu les productions nouvelles s'étendirent, » principalement en descendant, et la plaie se trouva cicatrisée » sans que le bourrelet inférieur y eût presque contribué.

» L'écorce qui formait cette cicatrice était raboteuse, parce » qu'elle avait été produite par la réunion de plusieurs productions » qui partaient, les unes de la partie supérieure, et les autres de la » partie moyenne de la plaie : il y avait même quelques endroits » où l'écorce manquait entièrement....... ( Page 44.) Je sacrifiai » plusieurs de ces arbres pour examiner les productions corticales » dans le temps qu'elles avaient acquis la couleur verte; et je » trouvai toujours au-dessous un feuillet ligneux extrêmement » mince. Ainsi il est bien prouvé que le bois peut produire de » l'écorce, et que *cette écorce est dès lors en état de produire des » feuillets ligneux*....... »

Voici maintenant les observations de Meyen (*Pflanzen pathologie*, page 14 et suivantes).

Après avoir rapporté les expériences de Duhamel, il ajoute : « J'ai dernièrement répété les intéressantes recherches de Duha-

» mel, et je suis arrivé à quelques résultats remarquables que je » dois mentionner ici d'une manière spéciale. J'ai, comme lui, » fait ces recherches à l'époque où l'écorce se laissait facilement » séparer du bois ; je choisis pour ces recherches de petites tiges, » ou quelques grosses branches de *Corylus avellana*, de *Vibur-* » *num opulus*, de *Syringa vulgaris* et de *Salix pentandra*. Les » parties écorcées, longues de 6 à 12 pouces, furent recou- » vertes d'épais tubes de verre que je bouchai avec du mastic, et » que j'attachai en partie avec une vessie humide, en partie avec » des bandes de caoutchouc ; en sorte que cette ligature fut à l'abri » de l'air presque dans tous les cas. Comme je faisais ces recher- » ches par un soleil chaud, le 30 avril 1839, les tubes de verre, » aussitôt après qu'ils eurent été fixés, se couvrirent d'un brouil- » lard qui se condensa plus tard en eau ; si bien que deux jours » après, quelques uns de ces tubes étaient pleins d'eau. » Il dit que la quantité de cette eau augmenta jusqu'à rompre les verres. « Sur quelques tiges il se montra sur le corps ligneux décortiqué, » peu de jours après que les décortications eurent été faites, une » exsudation de quelques *gouttes gélatiniformes*, qui apparurent » aux points où les rayons médullaires se présentent à la surface » du bois. Dans deux cas, j'avais entièrement essuyé et rendu sec » le corps ligneux écorcé avant de l'enfermer dans les tubes de » verre, en sorte qu'il ne pouvait y rester la moindre trace de ce » que l'on appelle *cambium*. Le résultat fut que, dans ces cas, le » corps ligneux resta entièrement lisse, et n'exsuda que sur quel- » ques très petits points de très petites quantités de ces *goutte-* » *lettes gélatineuses*. J'examinai cette exsudation dès sa première » apparition, et elle se montra composée d'un tissu cellulaire à » parois très tendres, dont les cellules étaient remplies d'un mu- » cilage gommeux, au milieu duquel se trouvaient de très petites » molécules.

» L'observation, à plusieurs reprises, du tissu cellulaire de ces » nouvelles formations à la surface du corps ligneux décortiqué, » a montré ce tissu comme un parenchyme à parois tendres et » assez molles qui s'accroissait de plus en plus, à l'*aide de la nou-* » *velle séve gommeuse qui exsudait des rayons médullaires*. Si l'on

» ne désigne sous le nom de *cambium* que cette séve dont se *for-* » *ment immédiatement* les cellules, cette exsudation était un tel » cambium, et comme *il n'est pas sécrété sous la forme d'un tissu*, » *mais d'abord comme un mucilage sans organisation*, nous pouvons » en tirer la preuve que les liquides organiques doivent renfer- » mer le principe ou la puissance de leur organisation ultérieure; » au moins *nous ne pouvons pas expliquer d'une autre manière la* » *formation cellulaire sur le corps ligneux écorcé*. La masse de ce » tissu s'accroît peu à peu, car, de la masse séreuse qui y cir- » cule, il se forme toujours vers l'intérieur de nouvelles cellules » qui donnent à la surface une apparence très inégale et mame- » lonnée. La masse s'étendait parfois sur une surface d'un pouce » carré, mais se trouvait toujours au moins où la séve s'épanchait » des cellules des rayons médullaires. D'abord ce tissu cellulaire » aqueux paraissait opalin, puis il devenait trouble, et parfois il » prenait une couleur verte, résultant de granules colorés qui » s'étaient formés dans plusieurs cellules...... Laissait-on la for- » mation ainsi enfermée tout l'été, elle prenait une épaisseur de » 4 lignes 1/2 à l'état frais; mais en devenant sèche, elle se ri- » dait très fortement, et constituait ce tissu corticoïde, que Duha- » mel et plusieurs autres botanistes ont considéré comme l'écorce » régénérée, *ce qui n'est pas.* »

On le voit par ce passage, non seulement Meyen n'a point observé la production du bois, mais il nie même celle de l'écorce à la surface des tissus dénudés; et il prétend que c'est par un liquide sans organisation, la séve, qui exsude des rayons médullaires, que commence ce tissu corticoïde ou fausse écorce qu'il a décrit.

M. Dalbret fit aussi des expériences, en 1830 (1), sur un *Frêne*, un *Noyer* et un *Cratægus aria*. Je me bornerai à citer son observation sur le *Frêne;* elle suffira pour faire connaître les résultats auxquels il est arrivé :

« Le 21 juin dernier, dit-il, j'ai enlevé sur un Frêne d'Amérique » une plaque d'écorce de 6 pouces 1/2 de long sur 5 pouces 1/2 » de large; j'ai recouvert tout de suite la plaie avec un verre ayant

(1) *Journal de la Société d'agronomie pratique*, année 1830, t. II, p. 303 et suivantes.

» à peu près la même courbure que la tige, et je l'ai luté latéralement avec de la cire à greffer, de manière qu'il ne fût pas en » contact avec le bois mis à nu. »

Il opéra le même jour le Noyer et l'Alisier :

« Peu de jours après ces opérations, le bois dénudé sur chaque » tige s'est recouvert de gouttelettes d'une substance en apparence » gélatineuse, diaphane et presque incolore. Ces gouttelettes se » multipliant sans cesse ont fini par former une surface continue » non transparente, légèrement colorée en vert, et plus tard en » fauve clair.

» Le 12 juillet, le verre courbe qui couvrait la plaie faite au » Frêne d'Amérique s'étant trouvé cassé, j'en ai enlevé les débris, » et j'ai reconnu que toute la surface du bois qui avait été mise » à nu était recouverte d'une écorce bien formée, ayant toutes » ses parties constituantes, et d'une demi-ligne d'épaisseur...... »

Ainsi les observations de M. Dalbret s'accordent avec celles de Duhamel, en ce point que ce sont des gouttelettes en apparence gélatineuses qui ont donné naissance à la nouvelle écorce.

Voyons maintenant ce que Dutrochet pensait de ce phénomène. Dans ses Mémoires, t. Ier, p. 154, il dit : « Les phéno» mènes de reproduction qui suivent la décortication partielle » d'un arbre ne sont pas très faciles à expliquer. Ordinairement » la partie du système central mise à nu se dessèche et meurt; » cependant il arrive souvent qu'après la décortication, il se forme » une nouvelle écorce : doit-on attribuer ce phénomène à ce que » la décortication n'a pas été complète, et à ce qu'il serait resté » une couche imperceptible du système cortical adhérente au » système central? Je ne le pense pas. *Il me paraît probable* que, » dans cette circonstance, le système cortical est reproduit par » une métamorphose de la médulle centrale en médulle corti» cale...... »

Il est donc bien évident que Dutrochet ne vit jamais de bois nouveau se former à la surface du corps ligneux mis à nu ; et il est également manifeste qu'il n'avait nulle idée arrêtée sur la manière dont la nouvelle écorce qu'il signale est produite par les tissus préexistants, puisque, suivant lui, c'est par la métamorphose d'une prétendue médulle centrale, qui n'existe pas à la face interne de chaque couche ligneuse, comme il le prétend, que cette écorce est produite.

Deux opinions se trouvent donc en présence pour expliquer ces singuliers développements anormaux à la surface de l'aubier : l'une soutenue par Duhamel, Dalbret, Meyen et la plupart des botanistes; l'autre fut émise par Dutrochet.

La première consiste dans l'exsudation d'une séve gélatineuse qui sort des rayons médullaires, et qui n'est pas sécrétée sous la forme d'un tissu, mais sous celle d'un mucilage *sans organisation* suivant Meyen, lequel doit renfermer le principe de son organisation ultérieure.

La seconde admet la transformation d'une médulle centrale supposée en médulle corticale.

Eh bien, l'observation conduit à une opinion toute différente de celles qui ont été adoptées par les physiologistes, puisque la prétendue médulle centrale n'existe pas à la face interne de chaque couche ligneuse, et qu'il n'exsude pas de séve gélatineuse des rayons médullaires.

Que se passe-t-il donc à la surface ou dans l'intérieur de ces tissus décortiqués? Ce qui s'y passe présente quelques variations apparentes; mais au fond le phénomène de reproduction est le même, et ces variations peuvent être ramenées à deux principales :

1° Ou bien la reproduction se fait à la surface des tissus mis à nu, c'est-à-dire par les cellules les plus externes;

2° Ou bien elle a lieu dans les cellules internes de la couche, tout récemment produite, dans l'année même, avant la décortication. Les cellules les plus externes sont alors repoussées au dehors, loin du centre, par celles qui sont formées plus à l'intérieur, dans le voisinage de l'aubier de l'année précédente.

Examinons comment s'opère cette multiplication cellulaire dans chacun des deux cas que je viens d'indiquer.

Dans les *Comptes rendus des séances de l'Académie des sciences*, 1852, t. XXXV, p. 141, j'ai dit : « Qu'il ne sort rien » d'entre les fibres de l'aubier ; qu'à aucune époque les nouvelles » productions ne sont liquides, mais qu'elles sont formées de cel- » lules dès le principe ; et ces cellules, d'aspect gélatineux,

» comme toutes les très jeunes productions utriculaires, sont en-
» gendrées par celles de la couche génératrice, qui sont restées à
» la surface de l'aubier après l'enlèvement de l'écorce. »

Des trois modes de reproduction du tissu cellulaire, qui sont indiqués par la plupart des phytotomistes, quel est celui que la nature emploie pour accomplir cet important phénomène de réparation? On va voir que c'est celui que j'ai déjà reconnu comme se présentant le plus souvent dans l'accroissement des organes (1).

Ce mode consiste dans la dilatation ou l'allongement des cellules préexistantes, et l'apparition, dans leur intérieur, de cloisons qui les partagent en deux ou plusieurs utricules.

Dans le cas qui nous occupe, cette multiplication se fait-elle sur toute l'étendue des tissus qui ont été découverts, ou mieux les jeunes fibres ligneuses et les rayons médullaires prennent-ils également part à cette régénération des nouveaux organes? Dans un grand nombre de cas, oui ; les fibres ligneuses, les rayons médullaires et les vaisseaux d'un petit diamètre eux-mêmes, sont métamorphosés en tissu cellulaire proprement dit; car il y a une métamorphose réelle de ces organes élémentaires en tissu utriculaire ordinaire, et ensuite multiplication de ces utricules nouvelles.

Le *Gleditschia*, le *Robinia*, l'*Orme*, le *Marronnier d'Inde*, le *Tilleul*, le *Paulownia*, etc., m'en ont fourni de nombreux exemples. Mais j'ai vu, dans quelques cas, les fibres ligneuses seules engendrer de nouveaux éléments. La figure que j'en donne a été tirée d'une expérience faite sur le *Cognassier* (pl. 2, fig. 3, $p, p'$). L'extrémité des rayons médullaires était morte, et leurs cellules étaient devenues brunes comme des organes en voie d'altération.

(1) C'est celui que j'ai indiqué très souvent dans mes divers Mémoires pour la réparation des déchirures faites dans l'écorce par le soulèvement du parenchyme pendant le développement des racines adventives ou par des lésions occasionnées par l'homme. C'est par ce mode aussi que se développent les masses cellulaires que contiennent les lacunes des pétioles et des pédoncules du *Nuphar lutea*; c'est par lui que s'effectue l'allongement des poils de la face inférieure des feuilles de cette plante; enfin, c'est par lui aussi que sont produites les cellules qui doivent se transformer en fibres ligneuses. (*Note de l'auteur*.)

Il paraît aussi que, dans certaines circonstances, les rayons médullaires seuls peuvent produire les masses cellulaires qui doivent former les excroissances, ainsi que M. Ad. Brongniart l'a décrit dans la séance de l'Académie des sciences du 21 juin 1852.

Dans tous les cas, voici comment le phénomène s'accomplit : Les cellules les plus externes se gonflent ; elles s'étendent d'autant plus qu'elles sont plus voisines de la circonférence ; la plus extérieure est ordinairement la plus volumineuse. Elle devient tout à fait globuleuse (pl. 2, fig. 1 *o*), puis elle s'allonge et devient claviforme *p*. C'est alors ordinairement qu'elle se partage en deux par la production d'une cloison vers sa partie inférieure ou médiane *p'*. La nouvelle cellule externe se comporte comme la première, et ainsi des autres. Cependant les cellules sous-jacentes continuent à s'accroître, à se dilater transversalement, puis ces cellules ou jeunes fibres ligneuses se divisent en deux ou plusieurs utricules plus courtes, en sorte que bientôt tous les éléments ligneux de l'année sont transformés en un tissu cellulaire homogène. Ce fait est assez bien mis en évidence par la figure 2 de la planche n° 2, fournie par un *Robinia*, et qui représente une coupe longitudinale. On voit encore dans cette figure les jeunes fibres ligneuses, *l*, les plus internes non métamorphosées ; elles sont encore allongées verticalement, tandis que les plus externes ont perdu leur forme primitive.

Ici les cellules ligneuses de l'année et les rayons médullaires se sont transformés simultanément.

Un *Tilleul* m'a offert les mêmes changements sous une forme bien remarquable. Au lieu de s'opérer simultanément comme dans le *Robinia* que je viens de citer, ils se sont effectués successivement. Ce sont les rayons médullaires qui se sont modifiés les premiers (pl. 3, fig. 4, *r*). Chacune de leurs cellules externes se sont tuméfiées, sont devenues globuleuses, puis claviformes ; enfin elles se sont partagées, comme je l'ai décrit plus haut : de manière que, dans le principe, il y avait de petites masses cellulaires vis-à-vis les rayons médullaires seulement. Mais, un peu plus tard, les fibres ligneuses se mirent en mouvement à leur tour, et prirent part au développement qui devint général (fig. 4, *l*, *l'*).

La figure 5, donnée aussi par le *Tilleul*, est ce que j'ai vu de plus singulier et de plus important en ce genre. Dans les deux tiers de la figure environ, les éléments les plus extérieurs du jeune bois et des rayons médullaires seuls sont en voie de métamorphose (fig. 5, *l*, *l'*). Les fibres ou les cellules de la masse de la jeune couche ligneuse n'ont encore subi aucune modification apparente dans leur forme, et l'on remarque des vaisseaux qui sont distribués au milieu d'elles (pl. 3, fig. 5, *v*). Dans l'autre partie de la figure, au contraire, les changements apparaissent de plus en plus profonds, à mesure que l'on s'avance de gauche à droite; si bien que la masse entière de la couche nouvelle est métamorphosée (fig. 5, *g*). Les vaisseaux eux-mêmes ont disparu complétement, et les fibres ligneuses, qui n'avaient qu'un assez petit diamètre, sont remplacées par des utricules d'un diamètre beaucoup plus considérable. Ces changements, dans ce cas, m'ont semblé précédés par un amincissement de la membrane sur toute l'étendue de la jeune couche ligneuse à la fois.

Je n'ai pas besoin d'ajouter que je tiens à la disposition des membres de la commission les pièces anatomiques d'après lesquelles mes dessins ont été faits.

La figure 6, planche 4, représente une coupe longitudinale de ces productions du *Tilleul*, dans lesquelles toute la jeune couche ligneuse a été modifiée B. Un vaisseau y était resté sans altération *v*. Entraîné par les tissus développés autour de lui, il est un peu courbé, et l'on remarquait à sa surface quelques cellules amincies qui n'avaient pas été entièrement métamorphosées.

Il est donc manifeste, par ce qui précède, que rien de liquide n'exsude des rayons médullaires, et que les fibres ligneuses participent avec eux à la production des proéminences qui doivent reconstituer l'écorce et du bois nouveau.

D'autres preuves, à l'appui de cette opinion, m'ont été offertes par le second mode de génération de ces protubérances, c'est-à-dire par celui qui consiste dans la multiplication qui se fait au moyen des cellules les plus internes de la jeune couche ligneuse mise à nu, tandis que les plus externes sont rejetées en dehors sans altération profonde par les nouveaux éléments formés.

La même espèce d'arbre, le même tronc peut présenter à la

fois les deux modes de multiplication des utricules. Ils doivent être attribués probablement à des conditions de dessiccation particulières aux points de la surface sur lesquels ces phénomènes s'accomplissent.

J'ai observé ce second mode sur l'*Orme*, le *Paulownia* et le *Robinia*.

Dans l'*Orme* (pl. 7, fig. 11), il s'est offert avec des circonstances qui montrent jusqu'à quel point la dilatation transversale des utricules peut être portée avant leur division. Là, les cellules primitives les plus externes (pl. 7, fig. 11, C) paraissaient avoir subi un commencement de métamorphose, mais il se serait arrêté; elles avaient été repoussées loin de l'aubier A par les utricules engendrées par les plus internes. Ces cellules primitives, revêtant la surface de l'excroissance, recouvraient les plus jeunes, qui s'étaient étendues considérablement dans le sens transversal *d*. En effet, ces utricules les plus récentes formaient des tubes horizontaux dont la longueur diminuait graduellement de la circonférence au centre, à mesure qu'elles se rapprochaient du bois, près duquel le nouveau tissu n'avait rien de particulier dans son aspect. Là, dans le voisinage du bois, les cellules de la couche génératrice, ou mieux les jeunes cellules ligneuses, étaient placées en séries rayonnantes quand la décortication fut effectuée; au contraire, dans la pièce anatomique que je décris en ce moment, elles étaient remplacées par un tissu dont les éléments *e* ne présentaient plus la même régularité sur ce point; mais peu à peu, en s'avançant vers la circonférence, les cellules reprenaient la disposition en séries dans le sens horizontal, suivant lequel elles s'étaient développées.

Ainsi, dans la figure 11, les cellules C, qui ont bruni en vieillissant, étaient d'abord voisines du corps ligneux A, dont elles n'étaient séparées que par une zone mince d'utricules; mais, étant restées stationnaires, inactives, pendant que les plus internes, les plus rapprochées du bois se multipliaient, elles ont été refoulées loin de ce corps ligneux par les cellules *c*, *d*, qui sont résultées de ce développement.

A part quelques différences anatomiques, les choses se sont passées à peu près de même dans le *Paulownia*. Nous n'avons pas dans cet arbre, par exemple, ces longues cellules transversales que j'ai signalées dans l'*Orme;* mais il existait de grands vaisseaux (pl. 5, fig. 8) dans la jeune couche ligneuse à l'époque de la décortication. Dans la partie *a* de cette jeune couche ligneuse, qui n'a pas subi d'accroissement après l'opération, ils ont été déformés par la compression exercée latéralement par les jeunes tissus nés dans la portion *b*. Dans celle-ci, au contraire, qui s'est développée, les vaisseaux *v'* ont à peu près leur forme naturelle; ils ont seulement été rejetés loin de l'ancien bois A, avec les tissus les plus externes de la jeune couche ligneuse primitive. On reconnaît par la figure 8 que ces tissus de la superficie *b* ont conservé la disposition en séries horizontales qu'ils avaient avant leur répulsion, et que de nouvelles cellules se sont interposées entre eux et l'aubier A de l'année précédente.

Ces deux derniers exemples de formation des protubérances sur un *Orme* et sur un *Paulownia* sont donc éminemment différents de ceux que j'ai cités auparavant, et dont j'ai donné des figures tirées du *Robinia* et du *Tilleul.*

Un autre bel exemple de ce second mode de formation des excroissances m'a été fourni aussi par un autre *Robinia*. Dans cet arbre, comme dans l'*Orme* et le *Paulownia* que je viens de mentionner, les tissus extérieurs de la couche dénudée, et une partie de ses vaisseaux (pl. 6, fig. 9, *v'*), furent éloignés du bois par les éléments les plus récemment formés; mais une partie des vaisseaux préexistants *v* resta près de la surface du corps ligneux où ils sont nés.

Cette production du *Robinia* est beaucoup plus parfaite que celles que j'avais obtenues de l'*Orme* et du *Paulownia* qui étaient purement cellulaires, ainsi que nous l'avons vu. Dans cette protubérance du *Robinia*, on observe un corps ligneux et les parties essentielles de l'écorce (pl. 6, fig. 9, et pl. 7, fig. 10). Le corps ligneux, séparé de celui du tronc par une épaisse couche de tissu cellulaire, renferme des vaisseaux *v''*, et les rayons médullaires dont il est traversé, et qui se prolongent dans le tissu cortical, ne sont que la continuation de ceux du bois des années antérieures *R*.

La partie corticale contient, de l'intérieur à l'extérieur, quelques petits faisceaux du liber *f*, qui sont placés près de la face externe de la couche génératrice propre à ces protubérances; des groupes plus ou moins considérables de cellules courtes, à parois épaisses, incrustées, *d*, qui forment des nucules dans les écorces de certains arbres, tels que le *Hêtre*, le *Chêne*, le *Paulownia*, dans les poires, etc., viennent ensuite. Le tissu cellulaire environnant renfermait un peu de matière verte. Enfin le périderme commençant, les gros vaisseaux ponctués *v'*, rejetés à l'extérieur avec les tissus qui les enveloppaient, sont à la circonférence de cette excroissance.

La figure 10, planche 7, représente une coupe longitudinale de cette production du *Robinia.* Quelques fibres ligneuses anciennes sont indiquées par *F*, un petit vaisseau réticulé l'est par *V*, et *v* représente un gros vaisseau de nouvelle formation, coupé longitudinalement et rempli de tissu cellulaire; *B* renferme les éléments de l'excroissance; *e* et *c* sont la couche de tissu cellulaire qui sépare le bois de la protubérance de celui du tronc; *b* représente ce jeune bois, *v''* un de ses vaisseaux; *f* est un faisceau du liber, *d* sont des nucules de cellules à parois épaisses, *v'* est un des grands vaisseaux ponctués refoulés à l'extérieur.

Tels sont les deux principaux modes suivant lesquels se développent les tissus à l'origine des excroissances qui font l'objet de ce travail. Certains accidents peuvent apporter quelques variations dans ces premiers phénomènes. Une décortication imparfaite, par exemple, peut occasionner une déviation dans la marche ordinaire du développement des organes élémentaires, ou intervertir, changer le rôle organogénique de certains tissus; les empêcher de remplir la fonction génératrice qu'ils eussent été appelés à exercer, si l'enlèvement de l'écorce eût été complet. C'est ce qui est arrivé sur un *Marronnier d'Inde* qui avait été imparfaitement privé de son écorce interne; il en restait çà et là des lamelles qui, du reste, avaient été conservées avec intention. Eh bien, dans ce cas, j'ai observé encore les deux modes de reproduction des utricules. Tantôt ce sont les cellules externes de la lame corticale laissée qui ont opéré la multiplication, et alors les nouveaux tissus semblaient sortir de l'intérieur à travers l'écorce; car les bords de celle-ci étaient ordinairement desséchés, noirâtres ou grisâtres, et inertes par conséquent. Tantôt c'était dans la partie moyenne de la lame corticale que s'était effectué l'accroissement, les cellules externes avaient été refoulées au dehors, et les plus internes n'avaient subi aucun changement; des gaz répandus dans leurs méats intercellulaires annonçaient aussi qu'aucune production récente ne s'était développée dans ce point. Ce qui est digne de remarque, c'est que la jeune couche ligneuse, et tout ce que l'on désigne communément sous le nom de couche génératrice, n'avait pas sensiblement changé d'aspect. Elle ne paraissait même pas avoir pris d'accroissement; toute la faculté génératrice semblait s'être portée sur une partie de l'écorce.

En sera-t-il ainsi dans tous les cas semblables? Je ne voudrais pas l'affirmer; encore une fois, je ne considère ce fait que comme un simple accident.

Quand une excroissance formée de tissu utriculaire a été produite par l'un ou par l'autre des deux modes de génération dont j'ai donné la description, d'autres changements surviennent au milieu des nouveaux tissus. Il s'y développe des vaisseaux, des fibres ligneuses et des fibres du liber; mais, pendant la formation de l'écorce, des cellules assez grandes, à parois épaisses et ponctuées, disposées par groupes plus ou moins considérables, précèdent ordinairement l'apparition des fibres du liber, dans les arbres que j'ai étudiés. Ce que l'on observe d'abord dans la masse utriculaire, ce sont les vaisseaux : tantôt ils sont étroits, sinueux et composés de cellules courtes et ponctuées; ils se rapprochent quelquefois de la forme, qu'on a appelée *vaisseaux moniliformes;* d'autres fois ils sont très volumineux, rayés ou ponctués (*Paulownia*). Vers l'époque à laquelle ces vaisseaux se montrent, quelquefois même avant eux, on aperçoit une zone de cellules délicates, aplaties dans le sens perpendiculaire aux rayons médullaires, et disposées en séries horizontales : ce sont les premières cellules qui doivent constituer les fibres ligneuses (1). Bientôt se manifeste le périderme; il

(1) Ces cellules se forment très probablement comme celles que j'ai observées plusieurs fois sur les bords d'une plaie de l'*Ulmus rubra;* je les ai déjà citées dans mon *Mémoire sur la formation des fibres ligneuses*. J'en reproduis ici deux des esquisses que j'en pris à la hâte (planche 4, fig. 7, A, B). Bien qu'impar-

apparaît aussi sous la forme d'une couche plus transparente que les tissus environnants dans le voisinage de la circonférence ; ses utricules sont aussi placées en séries rayonnantes ou perpendiculaires à la périphérie de l'excroissance. A peu près en même temps naissent les cellules incrustées dont j'ai parlé. Les vraies fibres du liber sont les derniers organes développés.

Je disais tout à l'heure que le système fibreux se montre souvent sous la forme d'une zone de cellules aplaties parallèlement à la circonférence, et plus translucides que les tissus adjacents ; telle n'est pas toujours sa disposition dans le principe. J'ai aussi observé quelquefois, au lieu d'une zone ligneuse continue, plusieurs centres fibro-vasculaires dans la même masse utriculaire. Un ou plusieurs vaisseaux occupaient ordinairement le milieu de ces sortes de faisceaux isolés.

Bien que je n'aie donné la description que d'un petit nombre d'excroissances renfermant des fibres ligneuses et des vaisseaux, j'en ai cependant obtenu une très grande quantité sur des *Paulownia*, des *Ormes*, un *Noyer*, des *Robinia*, un *Gleditschia*, un *Érable*, etc. Je décrirai ces productions, avec les expériences, dans la seconde partie de ce mémoire.

Je demanderai, en terminant, s'il ne serait pas possible que les divers centres ligneux que l'on remarque dans les tiges d'un grand nombre de lianes, dont la structure bizarre a tant occupé les anatomistes, eussent une origine analogue à celle des par-

faites, ces figures donneront une idée assez juste du mode de reproduction de ces cellules.

Entre les utricules *c*, *c*, distribuées sans régularité, s'en trouvent d'autres disposées en séries horizontales ; elles se confondent insensiblement avec les précédentes, comme on le voit en *e*, section B ; mais comme le démontre la section A en *m*, *d*, ces cellules ont été formées par des cellules mères, dans l'intérieur desquelles se sont développées des cloisons aux dépens de la matière contenue dans ces utricules. Sur la coupe qui m'a fourni cette esquisse grossière, que j'ai prise pendant mon voyage, on voyait en *a* une extrémité de la cellule mère *d*, dans laquelle il n'y avait pas encore de cloison ; et en *b* j'avais une cellule qui ne renfermait encore qu'une seule cloison. Ces cellules semblaient se dilater, et produire des cloisons à mesure qu'elles s'allongeaient.

Il y a tout lieu de croire que les éléments fibreux des excroissances qui font le sujet de ce mémoire se forment de la même manière. (*Note de l'auteur.*)

ties fibro-vasculaires des excroissances que je viens d'étudier? Je suis porté à croire que leur développement est le même; c'est pourquoi j'ai cru devoir appeler sur ce point l'attention des botanistes qui pourraient se trouver dans des circonstances favorables pour étudier l'accroissement de ces végétaux singuliers.

### Conclusions.

De tous les faits qui précèdent, il résulte principalement :

1° Qu'il peut se développer du bois et de l'écorce nouvelle à la surface des arbres qui ont été dépouillés d'une partie de leur écorce ;

2° Que ce n'est point un liquide mucilagineux *sans organisation*, comme le prétendait Meyen, qui exsude des rayons médullaires, et s'organise en tissu cellulaire pour produire ces excroissances sur les parties décortiquées ;

3° Que les jeunes cellules fibreuses, celles des rayons médullaires, et quelquefois même les très jeunes vaisseaux, concourent à la production du tissu cellulaire qui doit donner naissance à l'écorce et au bois nouveaux.

## SECONDE PARTIE.

### Description des expériences.

Des expériences très variées ont été entreprises, toutes ont donné des résultats intéressants ; mais, sur quelques arbres qui n'ont pas été examinés assez fréquemment, le développement des nouvelles productions a été très rapide : des soudures se sont effectuées entre celles-ci et les anciennes, en sorte que les conclusions que l'on en pourrait déduire ne seraient pas à l'abri de toute objection.

Je négligerai donc ces cas qui pourraient donner matière à controverse, et je ne décrirai que ceux qui ne peuvent être l'objet d'aucune contestation, en ce qui concerne l'origine des fibres ligneuses et des vaisseaux.

Toutes ces dernières expériences consistent en décortications annulaires, dont l'étendue varie de 20 à 50 centimètres de longueur. Tantôt il n'a été fait qu'une seule opération sur chaque arbre ; tantôt il a été enlevé deux anneaux d'écorce sur le même tronc, à quelques décimètres de distance. Quelquefois l'une des décortications, la supérieure, a été laissée exposée à l'action des agents atmosphériques; d'autres fois elle a été mise à l'abri de l'air et de la lumière comme les autres.

Cette double décortication avait pour but, d'abord, de mieux se garantir que toute communication directe des nouvelles productions avec les feuilles n'existait point, et aussi de s'assurer si l'anneau d'écorce intermédiaire donnerait lieu à quelques formations. Les résultats sont concluants : toujours il y a un bourrelet au bord inférieur de l'anneau d'écorce ; il est quelquefois même assez considérable, et les protubérances qui le constituent renferment des fibres ligneuses et des vaisseaux.

Souvent aussi il a été laissé, dans le même but, des plaques d'écorce tout à fait isolées au milieu des parties dépouillées de leur tissu cortical ; le résultat a été analogue. Des excroissances sortent de dessous ces plaques par leurs côtés, et principalement par leur bord inférieur, où elles sont toujours beaucoup plus volumineuses. Je me suis assuré que plusieurs d'entre elles ont produit des vaisseaux ; mais c'est surtout dans le *Gleditschia* que les parties ligneuses se sont le plus développées.

Les résultats de ces expériences ayant été donnés d'une manière générale dans la première partie de ce mémoire, je décrirai le plus succinctement possible les productions qu'elles ont fournies.

Pour assurer la végétation à la surface du bois mis à nu, la plaie fut préservée de l'action des agents extérieurs de la manière suivante : Quelques traverses de bois ou de fil de fer, attachées aux deux lèvres de la décortication, furent mises autour du tronc pour empêcher le contact de l'enveloppe et du bois dénudé. Une couche de mastic de vitrier fut placée sur les deux bords de la plaie, qui fut ensuite recouverte d'un morceau de toile enduite de caoutchouc. Des mesures avaient été prises aussi pour que la jonction des deux bords verticaux de la toile fût parfaite ; elle était telle que, dans plusieurs cas, le liquide qui s'écoulait de l'aubier finit par remplir la cavité qui séparait le bois de l'enveloppe. Une feuille de carton fut disposée autour de cette enveloppe ; puis elle fut elle-même protégée par de la paille.

Pour connaître l'état de la végétation au moment de l'opération, un carré de bois fut enlevé avec son écorce dans le voisinage de la plaie, et la structure en fut étudiée.

### Paulownia.

*Première expérience.* — C'est une des plus intéressantes ; elle fut faite, le 10 avril, sur un *Paulownia* de 15 centimètres de diamètre. Deux décortications annulaires furent pratiquées : l'une supérieure, large seulement de 5 centimètres, ne fut point grattée, mais elle fut laissée sans abri au contact de l'air ; l'autre inférieure, de 50 centimètres de longueur, ne fut grattée sur aucune de ses parties. Une plaque d'écorce isolée fut conservée au nord-ouest ; elle avait 17 centimètres de longueur sur 7 centimètres de largeur. Une autre fut laissée au sud ; elle avait 15 centimètres sur 10.

Cette décortication inférieure fut abritée par le procédé décrit plus haut.

Le 18 mai, il y avait sous l'enveloppe beaucoup d'eau réunie à la base de la décortication, ou condensée en gouttelettes à la surface de l'aubier.

Sous les lames d'écorce laissées, la végétation paraissait très active ; elles étaient traversées par des développements utriculaires qui crevèrent l'écorce çà et là.

Des excroissances oblongues, isolées d'abord, qui se réunissaient en plaques, étaient formées principalement du côté du sud.

L'une de ces plaques a maintenant 33 centimètres de longueur sur 4 centimètres de largeur. Il y en a un grand nombre de beaucoup moins étendues. L'une d'elles, qui n'avait, le 30 juin, que 1 centimètre de longueur sur 8 millimètres de largeur, renfermait déjà des vaisseaux volumineux.

Le 2 décembre, une autre de ces protubérances renfermait de nombreux vaisseaux ponctués au milieu d'un tissu cellulo-fibreux également ponctué. L'écorce était purement utriculaire.

Nous avons indiqué dans la première partie de ce mémoire le développement de ces excroissances ; c'est par le second mode de multiplication qu'elles sont formées, c'est-à-dire par les cellules internes de la couche génératrice, les plus extérieures étant rejetées loin de l'aubier.

C'est une des excroissances de cet arbre qui a fourni la figure 8, planche 5.

Il y a un bourrelet à la lèvre supérieure de la décortication laissée nue; il n'y en a pas à sa lèvre inférieure. Aucune production ne s'est formée à la surface de son bois dénudé; celui-ci est même complétement mort jusqu'à une certaine profondeur.

La lèvre supérieure de la décortication inférieure a aussi un bourrelet très fort, bien qu'elle n'ait pas eu de communication directe avec les feuilles, puisqu'il y a au-dessus un anneau d'écorce enlevé, et que le bois découvert est mort. Ce bourrelet renferme des parties fibro-vasculaires bien développées.

Le bourrelet inférieur est peu marqué.

La végétation, qui avait paru très active sous les lames d'écorce conservées, n'a cependant pas donné lieu à un accroissement bien considérable. Elles se sont crevassées çà et là, ainsi que je l'ai dit, et des protubérances nombreuses en sortent par les côtés, principalement de dessous le bord inférieur. Sous celui de la lame d'écorce qui est au sud, il y a des productions très fortes de 6 millimètres d'épaisseur, et contenant un système fibro-vasculaire.

Il est bien prouvé par là que ces bourrelets ne sont pas dus à des fibres radiculaires descendant des feuilles, puisque ces plaques et ces anneaux d'écorce n'ont pas de relation directe avec ces organes.

### Paulownia.

*Deuxième expérience.* — Le tronc de cet arbre avait 15 centimètres de diamètre. Deux décortications annulaires, de 22 centimètres de longueur chacune, furent faites à 35 centimètres l'une de l'autre. La partie supérieure des deux décortications fut grattée tout autour sur 3 à 4 centimètres d'étendue. Aucune partie corticale ne fut conservée; mais il y avait déjà une couche de 1 millimètre d'épaisseur environ de jeune tissu ligneux en voie de formation.

Elles furent abritées d'une toile enduite de caoutchouc, disposée comme il a été dit plus haut.

*Décortication supérieure.* — Un bourrelet puissant existe à la lèvre supérieure ; celui de la lèvre inférieure est faible. Des productions abondantes et d'étendue variable sont éparses çà et là ; elles contiennent de jeunes fibres ligneuses et des vaisseaux.

*Décortication inférieure.* — Il y a aussi un bourrelet assez fort à la lèvre supérieure, et un très notable à la lèvre inférieure.

Quelques petites excroissances isolées sont éparses ; d'autres plus fortes, de 8 centimètres sur 7, sont en communication avec la lèvre inférieure. Elles ont été formées par la réunion de productions plus petites qui se sont greffées.

L'une de ces végétations bien isolée, longue de 20 millimètres, large de 12, épaisse de 4 et 1/2, était composée, près de la surface du tronc, d'un tissu cellulaire plus ou moins allongé verticalement, parcouru quelquefois par de gros vaisseaux à raies courtes et très aiguës aux deux extrémités : plus à l'extérieur est la jeune partie ligneuse dont les cellules fibreuses sont peu différentes du tissu cellulaire précédent. Elles sont toujours disposées en séries horizontales ; mais les vaisseaux qu'elles environnent, volumineux comme les autres, sont marqués de ponctuations légèrement elliptiques. Ces vaisseaux sont isolés ou groupés deux ou plusieurs ensemble. Tous ces tissus sont traversés par des rayons médullaires dont les cellules en sont très distinctes par leur direction transversale. A l'extérieur est une enveloppe corticale simplement utriculaire, dont les éléments, plus ou moins globuleux, sont disposés sans ordre apparent. Ce tissu paraît homogène ; on n'y remarque pas encore les cellules incrustées propres à l'écorce du *Paulownia*.

### Érable.

*Troisième expérience.* — Deux décortications furent faites, le 6 avril, sur un *Érable* (*Acer pseudo-platanus*) de 20 centimètres de diamètre, à environ 1 mètre l'une de l'autre ; elles ont chacune 20 centimètres de longueur. La décortication supérieure a été grattée à son sommet du côté de l'est, sur une étendue circulaire de 20 centimètres et de 3 de haut en bas. Un îlet d'écorce de 7 centimètres de longueur sur 7 de largeur fut conservé sur la décortication inférieure, et la surface du bois au-dessus de cet îlet fut grattée de manière à enlever un peu d'aubier. La plaie fut ensuite recouverte.

18 mai 1852. *Décortication supérieure.* — De même que sur presque toutes les parties grattées, il ne s'est rien fait sur celle qui l'a été au sommet de la plaie. Des plaques nombreuses de nouveaux tissus, isolées, se sont formées au-dessous de cette partie, sur celle dont les cellules superficielles ou les plus jeunes n'ont pas été enlevées.

Voici ce qui s'est passé : la couche génératrice est morte sur des espaces plus ou moins étendus ; elle est restée vivante sur d'autres. Ces lames vivantes se sont développées, et par leurs cellules internes, et par leurs bords, qui ont produit des bourrelets épais, irréguliers, autour des plaques. Les tissus de ces bords se sont accrus par le premier mode décrit, par les cellules externes ; ceux des autres parties de la plaque par les utricules internes. Il est si vrai que, dans ce dernier cas, les éléments externes n'ont pas été modifiés, que l'on distingue à l'œil nu, à la surface de ces plaques, les extrémités des rayons médullaires qui n'ont pas changé d'aspect ; et puis, la superficie de ces lames est très lisse et brillante, ce qui ne pourrait être si elle était formée par des cellules nouvelles. Cependant de petites proéminences ont percé quelquefois çà et là la plaque, et se sont réunies ensuite pour former des lames continues.

*Décortication inférieure.* — A la même époque, le 18 mai, les productions sur cette décortication sont un peu plus avancées que celles de la décortication supérieure ; et celles de sa partie inférieure le sont davantage que celles qui sont placées plus haut. Les autres phénomènes sont les mêmes : les excroissances ont le même aspect.

Ce même jour, le 18 mai, j'ai interrompu toute communication avec la lèvre supérieure en grattant les jeunes tissus tout autour au sommet de la plaie, ce qui n'avait pas été fait au moment de l'opération pour cette décortication inférieure.

2 décembre 1852. La structure de quelques unes des plaques a été examinée. L'une d'elles, bien isolée, prise à la décortication inférieure, avait 15 millimètres de longueur sur 3 millimètres

d'épaisseur. Elle se divisait, de dehors en dedans, en quatre parties : 1° l'une, externe ou corticale, était purement cellulaire ; ses utricules renfermaient quelques granules d'amidon ; 2° la couche génératrice, qui offrait l'aspect qu'elle a partout ailleurs ; 3° une couche fibro-vasculaire mince, composée de jeunes cellules fibreuses disposées carrément, les unes au-dessus des autres, en séries horizontales, et de vaisseaux ponctués au milieu d'elles ; 4° enfin une partie simplement utriculaire, dont les cellules à parois assez épaisses étaient ponctuées, et remplies d'une multitude de grains de fécule.

Dans une des tubérosités qui bordent les plaques, des groupes de cellules assez grandes, à parois épaisses et ponctuées, furent observées dans la partie périphérique ou corticale. Elles existent aussi quelquefois dans l'écorce de la partie plane de certaines plaques.

En ce moment, le bourrelet supérieur de la plaie la plus rapprochée des feuilles ne s'est formé que sur une partie de la circonférence ; il consiste en quelques protubérances développées du côté de l'ouest principalement.

Le bourrelet supérieur de la décortication inférieure, au contraire, est plus régulièrement formé tout autour de la plaie que le précédent.

Comme partout ailleurs, les excroissances qui ont été laissées en communication, soit avec la partie supérieure de l'arbre, soit avec l'écorce inférieure du tronc, ont pris plus d'accroissement que les autres.

Sous la lame d'écorce conservée, le développement est très marqué.

### Orme.

*Quatrième expérience.* — Le 6 avril 1852, une décortication annulaire de 22 centimètres de longueur fut pratiquée, à 30 centimètres de terre environ, sur un *Orme* dont le diamètre était de 20 centimètres. Du bois fut enlevé à la partie supérieure de la surface dénudée jusqu'à 1 ou 2 millimètres de profondeur, sur un arc de la circonférence égal à 15 centimètres. Sur les autres points le tissu fut laissé intact. Cette opération secondaire avait pour but de s'assurer que les vaisseaux des productions qui pourraient se faire au-dessous ne sont pas descendus des feuilles par les jeunes tissus restés à la surface de l'aubier.

La plaie fut abritée comme à l'ordinaire.

Un carré de bois fut pris avec son écorce au-dessous de la plaie pour être étudié ; et, par cet examen, il fut constaté que l'aubier de l'année précédente était déjà revêtu d'une couche de jeunes cellules fibreuses récemment développées, contenant aussi çà et là quelques vaisseaux ponctués.

Le 17 mai, de nouveaux tissus s'étaient formés sur presque toute la surface dépouillée de son écorce. Il ne s'était rien produit sur les points où le bois superficiel avait été enlevé à la partie supérieure de la décortication ; mais au-dessous de cette partie, des plaques très étendues s'étaient développées de la même manière que s'il n'y avait pas eu d'interruption avec la lèvre supérieure de la plaie.

Les productions nouvelles étaient d'étendue très diverse : quelques unes ne formaient que de petites granulations, quelques autres étaient fort grandes.

C'est sur cet arbre aussi que nous avons remarqué en même temps les deux modes de formation de ces plaques : l'un par les tissus superficiels, l'autre par les cellules internes de la nouvelle formation. Comme il est inutile d'en renouveler ici la description, nous ne nous y arrêterons pas davantage. Nous dirons seulement que du côté de la plaie qui n'a pas été gratté, où la communication des nouveaux tissus avec la lèvre supérieure n'a pas été interrompue, les excroissances sont plus considérables. Étant unies avec l'écorce, elles sont mieux nourries que celles qui n'ont aucune relation directe avec elle ; mais celles-ci, qui sont tout à fait indépendantes du tissu cortical, qui en sont complétement isolées, renferment aussi bien qu'elles un système fibro-vasculaire parfait. Cependant nous devons ajouter que dans ces dernières, les vaisseaux ne se sont montrés que plus tard. En effet, une étude comparative, faite le 28 mai, fit voir des vaisseaux dans les plaques communiquant avec l'écorce supérieure, tandis qu'il n'en existait pas encore dans celles qui étaient entièrement isolées. Ces vaisseaux n'avaient qu'un diamètre assez réduit ; ils n'étaient composés que de petites utricules de même dimension que les cellules qui les environnaient. Aujourd'hui, le système fibro-vasculaire est très manifeste dans les excroissances isolées ; il renferme de nombreux vaisseaux ponctués d'un assez gros calibre.

Toutes les plaques sont revêtues d'une sorte de couche subéreuse dont les éléments ont peu de cohésion ; elle se détache avec facilité de l'écorce proprement dite des excroissances, qui est encore tout imparfaite.

Dans la seconde semaine de mai, des racines adventives très nombreuses sont nées du bourrelet de la lèvre supérieure. Leurs petits vaisseaux composés, à leur insertion sur le tronc, de cellules ponctuées et réticulées, courtes, partaient du contact des vaisseaux beaucoup plus volumineux de la nouvelle couche du bois ; le nombre de ces vaisseaux radiculaires diminuait en remontant dans la tige à mesure qu'ils s'éloignaient de l'insertion de la racine, ou, si l'on veut, en se rapprochant des feuilles dont ils ne pouvaient évidemment descendre ; car à une petite distance on n'en découvrait plus aucune trace.

L'épiderme de ces racines était revêtu de poils très déliés, et elles étaient terminées par une *piléorhize* bien conformée. On voyait la partie externe ou la plus âgée de cette piléorhize s'exfolier, comme ce phénomène a été décrit dans mon Mémoire sur le *Nuphar*, c'est-à-dire que ses parties les plus anciennes, qui étaient les plus extérieures, se séparaient, se détruisaient à la manière de celles de l'écorce des arbres, pendant que de nouveaux éléments étaient produits à l'intérieur, ainsi que cela a toujours lieu.

Les partisans de la théorie des fibres radiculaires descendantes pourront considérer cette apparition des racines comme une preuve à l'appui de leur opinion. Mais, outre la structure de ces organes à leur point d'insertion, qui est tout à fait en contradiction avec la théorie, je leur opposerai le dilemme suivant : Ou les fibres radiculaires descendantes ont formé les vaisseaux et les fibres ligneuses des plaques développées sur la décortication, ou elles ne les ont pas formées. Si elles les avaient formées, il ne devrait pas y avoir de racines adventives ; or il y a des racines, donc elles n'ont pas donné naissance au système fibro-vasculaire des plaques, qui, du reste, ainsi que je l'ai dit, en sont souvent complétement isolées.

La végétation de cet arbre étant très active, une autre décortication, de 10 centimètres de longueur, fut faite, le 24 mai, à 60 centimètres au-dessus de la première, et toute la surface en fut grattée pour enlever les nouveaux tissus. La végétation n'en parut pas ralentie ; l'arbre, qui avait très bien fleuri en mai après l'opération, se couvrit de feuilles, et donna des fruits mûrs comme à l'ordinaire.

### Orme.

*Cinquième expérience.* — Un autre *Orme*, de 12 centimètres de diamètre, subit, le 2 juin, une décortication annulaire de 50 centimètres de longueur, et le bois fut gratté soigneusement tout autour au sommet.

Les premiers phénomènes de la reproduction utriculaire se passèrent très bien sur presque toute la surface dénudée à la fois, excepté sur l'anneau gratté au-dessous de l'écorce supérieure, où il ne fut rien produit. C'est d'après le premier mode de multiplication, c'est-à-dire par les cellules externes, que le développement s'était opéré ; mais ces nouveaux tissus furent envahis par des moisissures, qui les détruisirent presque complétement. Il n'en reste plus que deux plaques : l'une de 5 centimètres sur 2, l'autre de 5 centimètres sur 3. Il y en avait une troisième beaucoup plus petite, qui fut consacrée à l'étude. Elle renferme des vaisseaux au milieu de cellules souvent très longues, entièrement remplies de petits grains de fécule.

### Robinia.

*Sixième expérience.* — Le 6 avril, une décortication annulaire, de 50 centimètres de longueur, fut faite sur un *Robinia* de 7 centimètres seulement de diamètre. La partie supérieure fut grattée avec soin, mais on laissa sur quelques points de nombreuses lames d'écorce interne à la surface de l'aubier.

Le plaie fut protégée comme à l'ordinaire.

Le 19 mai, bien que toute communication ait été interrompue avec l'écorce supérieure au moment de l'opération, des productions abondantes s'étaient développées. C'est d'après l'une d'elles, née d'un point dépourvu d'écorce interne, qu'a été dessinée la figure 1, planche 2.

Comme les excroissances de l'*Orme* précédent, elles furent détruites, en grande partie, par l'humidité et les moisissures. Cependant il en reste d'assez considérables, mais quelques unes des plus étendues sont contiguës avec la lèvre inférieure de la plaie. De celles qui sont complétement isolées, une des principales fut étudiée. Elle avait 2 centimètres de longueur sur 15 millimètres de largeur, et 2 à 2 1/2 millimètres d'épaisseur. Sa couche fibro-vasculaire est mince ; ses vaisseaux sont assez volumineux, ponctués, isolés ou groupés trois ou quatre ensemble ; ses cellules fibreuses sont de simples cellules oblongues, à parois ponctuées et disposées en séries horizontales. Cette zone ligneuse est séparée du bois par une épaisse couche de tissu cellulaire très irrégulier dans sa forme, la dimension de ses utricules et leur disposition. On trouve aussi quelquefois des vaisseaux épars dans cette couche.

L'écorce est formée d'un tissu cellulaire vers la partie externe duquel paraît se dessiner une sorte de périderme, composé de quelques rangées d'utricules un peu comprimées et plus transparentes que les tissus environnants. Vers l'intérieur de cette écorce sont des groupes de cellules courtes et à parois épaisses ; elles forment des nucules qui pourraient être pris pour des faisceaux de larges fibres du liber, par un examen peu attentif.

Bien que cet arbre n'ait qu'un petit diamètre, et que la décortication ait 50 centimètres de longueur, sa végétation n'a pas été retardée. Ses feuilles paraissaient aussi nombreuses que celles des arbres de même espèce qui n'avaient pas été opérés, et, le 24 mai, il commençait à épanouir ses fleurs.

*Septième expérience.* — Le 9 avril, un *Robinia*, du diamètre de 6 centimètres 1/2, fut privé d'un anneau d'écorce de 22 centimètres de longueur. La décortication fut bien grattée au sommet de manière à ne rien laisser des jeunes tissus, et même à enlever un peu du bois de l'année précédente. Quelques lamelles d'écorce interne sont restées du côté du nord.

Le 26 mai, ce sujet fut examiné. De nombreuses productions

s'étaient développées, mais l'excès d'humidité qui existait sous l'enveloppe et les moisissures ont presque tout détruit. Il ne reste plus que trois portions de plaques peu étendues qui sont encore vivantes. L'arbre est très souffrant.

Ce jour-là, une autre décortication fut opérée à quelques centimètres au-dessous de la première ; elle n'a que 10 centimètres de longueur. La couche génératrice fut enlevée tout autour du sommet.

Voici quel était l'état de cette couche génératrice au moment de cette seconde opération.

De nombreux vaisseaux ponctués nouvellement produits y existent, et sont séparés de la couche du bois de l'année précédente par une jeune couche de cellules ligneuses allongées et rectangulaires, à parois très minces ; elles sont toutes placées en séries horizontales.

Le 8 juin, j'examinai cette dernière décortication, et j'y trouvai de belles plaques cellulaires encore toutes récentes ; mais, comme dans la première opération, elles étaient presque entièrement envahies par des moisissures. Cependant une partie très étendue encore était saine ; j'en détachai un fragment pour en étudier la structure. Sur la coupe transversale, je vis à peu près ce qui est représenté par la figure 1, planche 2, c'est-à-dire que les cellules extérieures de la couche génératrice se dilatent, s'allongent, se renflent à l'extrémité, puis se divisent par la production de cloisons à leur intérieur. Peu à peu les cellules de plus en plus internes de la couche génératrice sont partagées de la même manière, en sorte que la couche entière finit par se métamorphoser totalement. Les vaisseaux du bois sont remplis de tissu cellulaire dans le voisinage de la décortication, comme sur presque tous les autres arbres ainsi opérés.

Des coupes longitudinales m'ont fait voir que les jeunes cellules ligneuses disposées en séries horizontales se divisent ordinairement en deux par une cloison transversale. Les utricules qui en résultent s'accroissent inégalement, et le tissu nouveau offre un aspect peu régulier. Ces nouvelles cellules internes se subdivisent elles-mêmes, soit transversalement, soit longitudinalement ; ce qui contribue à donner de l'irrégularité au tissu. Les cellules externes, au contraire, se partageaient par des cloisons ordinairement longitudinales, et s'étendaient vers l'extérieur du tronc en séries horizontales.

Aujourd'hui, toutes les excroissances ont été détruites par l'humidité et les moisissures, et l'arbre lui-même paraît mort. Les décortications ont probablement été faites trop près de la terre; l'inférieure n'en est qu'à 3 centimètres.

*Huitième expérience.* — Le 15 juin, une décortication en spirale fut faite sur un *Robinia* dans une longueur de 35 centimètres. Les feuilles de cet arbre et ses rameaux de l'année en moururent. Il en poussa d'autres au mois d'août, qui périrent aussi en septembre.

Sur un point de la surface de l'aubier privé de son écorce, s'est développée une petite excroissance que j'ai décrite dans la première partie du mémoire, et qui a donné les figures 9, planches 6; et 10, planche 7.

Elle a été produite par le second mode de multiplication utriculaire, c'est-à-dire par les cellules internes. Comme la description en a été faite avec beaucoup de détail, je ne m'en occuperai pas davantage.

Gleditschia.

*Neuvième expérience.* — Le 10 avril, un *Gleditschia*, de 9 centimètres de diamètre, subit une décortication annulaire de 30 centimètres de longueur. Un îlet d'écorce de 12 centimètres sur 10 fut laissé du côté du nord. Le bois fut gratté en haut sur la moitié septentrionale, dans une étendue verticale de 4 centimètres environ. La plaie fut ensuite enveloppée.

La couche ligneuse récemment produite renfermait déjà des vaisseaux ponctués, et les jeunes cellules ligneuses étaient disposées en séries horizontales. Les utricules des rayons médullaires présentaient un aspect variable. A côté de séries de cellules de grandeur normale, il y avait quelquefois d'autres rangées dont les utricules étaient considérablement allongées dans le sens transversal. Ces utricules étaient assez grandes pour qu'en se partageant, elles en produisissent deux ou trois de grandeur ordinaire.

Le 7 mai, la multiplication cellulaire commençait; elle se manifestait aussi bien au-dessous de la partie grattée au sommet de la plaie que sur le côté qui ne l'avait pas été. Il y avait quelques moisissures et un peu d'humidité sous l'enveloppe. Les feuilles n'étaient encore que très peu avancées dans leur accroissement.

Le 19 mai, j'ai interrompu la communication avec la lèvre supérieure, en grattant la jeune couche ligneuse vers le sommet de la décortication, du côté où elle ne l'avait pas été; 1 ou 2 millimètres de bois furent même enlevés.

Le développement utriculaire s'est manifesté d'abord aux rayons médullaires par le premier mode de génération décrit dans la première partie de ce travail. Bientôt après, les parties intermédiaires aux rayons médullaires, c'est-à-dire les jeunes cellules ligneuses, se gonflèrent pour se diviser, ainsi qu'il a été dit précédemment; en sorte que l'accroissement marcha ensuite simultanément et également dans les deux parties constituantes de la couche génératrice ou jeune bois; je veux dire dans les cellules ligneuses récentes et dans les rayons médullaires.

Les excroissances qui en résultèrent sont ordinairement oblongues; leur dimension varie de 1 millimètre à 28 centimètres de longueur sur 2 à 3 centimètres de largeur. Les plus grandes sont généralement composées par la réunion de plusieurs autres. Elles renferment des fibres ligneuses et des vaisseaux.

Sous l'îlet d'écorce qui a été laissé du côté du nord, il s'est fait un développement fibro-vasculaire très marqué. Il est plus abondant vers le bas.

Il ne s'est pas formé de bourrelet à la lèvre inférieure de la plaie, et celui de la lèvre supérieure est peu considérable; mais, depuis quelques jours (8 décembre), des racines adventives se sont montrées : quelques unes sont sorties en soulevant et déchirant l'écorce çà et là. L'une de ces dernières, encore cachée sous le tissu cortical, fut examinée : on y remarquait son système central entouré de vaisseaux, et le système cellulaire périphérique ou cortical. Son sommet était couronné par une jeune *piléorhize.*

Tilleul.

*Dixième expérience.* — Une décortication annulaire de 25 centimètres de longueur fut faite, le 26 avril, sur un *Tilleul* de

7 centimètres de diamètre. La partie supérieure de la décortication fut grattée sur la moitié de la circonférence, dans une étendue verticale de 3 centimètres.

Le bois, bien qu'*altéré* et *noirâtre* du côté du nord, était, malgré cela, recouvert par une couche de jeunes tissus.

La plaie fut recouverte par le procédé ordinaire.

Le 19 mai, la végétation est active et l'arbre est très feuillu. Il y a des productions au-dessous de la partie grattée supérieurement. Sur plusieurs points, ces productions ne constituent que de très petites granulations qui se réunissent insensiblement en plaques. J'ai décrit avec détail la formation de ces excroissances; il est donc inutile d'y revenir. Je me contenterai de rappeler que le développement commence par les cellules externes des rayons médullaires, qu'il s'étend ensuite aux cellules fibreuses, dont la nouvelle couche se métamorphose quelquefois complétement.

Les protubérances auxquelles ces tissus ont donné naissance n'ont point prospéré; presque toutes ont été détruites par des moisissures. La plus considérable de celles qui ont survécu, et qui n'avait pas plus de 1 centimètre 1/2 de longueur, fut consacrée à l'étude. Le 2 décembre, elle ne renfermait ni fibres ligneuses ni vaisseaux; elle était seulement composée de tissu cellulaire.

Quelques unes de celles qui restent sont nées sous des lamelles d'écorce interne qui avaient été laissées; elles en débordent sur les côtés, et sont comprimées par ces lamelles dans leur partie moyenne.

Un bourrelet considérable s'est formé à la lèvre supérieure, celui de la lèvre inférieure ne consiste qu'en quelques tubérosités situées à l'ouest.

### Noyer.

*Onzième expérience.* — Le diamètre de cet arbre était de 9 centimètres de diamètre; il fut soumis à une décortication annulaire de 25 centimètres de longueur. La partie supérieure de la décortication fut grattée sur la moitié de la circonférence vers le nord, et sur une étendue verticale de 3 centimètres. Le reste de la couche génératrice est resté intact.

La plaie fut recouverte, par le procédé décrit plus haut, d'une toile enduite de caoutchouc hermétiquement fermée.

Le 19 mai, une quantité très grande de liquide était renfermée sous l'enveloppe. La présence de cette eau empêcha la formation des excroissances, qui n'étaient qu'en petit nombre et de peu d'étendue.

L'arbre s'est couvert de feuilles abondantes et de fleurs.

Le 12 juin, toute la cavité formée par l'enveloppe, jusqu'à 4 centimètres du sommet, était remplie d'eau ; aussi ne s'est-il pas fait de nouvelles productions. Il n'en reste que quelques unes très petites à la surface de la partie dénudée, un bourrelet partiel à la lèvre supérieure, et un à la lèvre inférieure.

Le 3 décembre, le bourrelet supérieur est extrêmement considérable, et l'inférieur est assez gros aussi ; mais il n'y a que des excroissances peu nombreuses et peu développées sur le bois mis à nu.

La plus grande de ces tubérosités, longue de 15 millimètres, large de 8 et épaisse de 5, fut étudiée. Sa surface est très inégale et tuberculeuse. Elle renferme une couche fibro-vasculaire mince dans sa partie moyenne. Cette couche suit les sinuosités de la surface externe ondulée de l'excroissance ; elle est composée de vaisseaux ponctués d'un assez gros calibre, et de fibres ligneuses plus ou moins parfaites. Cette zone ligneuse est séparée de l'aubier par une couche de tissu cellulaire, dont l'épaisseur varie suivant que la surface externe de la protubérance s'éloigne plus ou moins du bois. Une enveloppe purement utriculaire enferme le tout. Je n'y ai pas remarqué de fibres du liber.

### Paulownia.

*Douzième expérience.* — Décortication annulaire de 45 centimètres. Deux îlets d'écorce furent laissés, l'un au nord, l'autre au sud. Ces lames d'écorce se sont crevassées par l'accroissement du tissu cellulaire, et des productions assez fortes sont nées à la partie inférieure de l'îlet qui est au nord ; elles sont moins fortes sur les côtés.

Des excroissances nombreuses se sont développées sur l'aubier dénudé ; elles sont quelquefois assez étendues, mais elles n'ont pas une grande épaisseur ; néanmoins, quelques unes renferment des vaisseaux.

### Cognassier.

*Treizième expérience.* — Le 10 avril, des lambeaux d'écorce furent soulevés sur toute la circonférence d'un tronc de Cognassier, les uns de haut en bas, les autres de bas en haut. Une lame d'étain fut interposée entre le bois et l'écorce, puis celle-ci fut remise en place, et revêtue d'onguent de Saint-Fiacre et de paille.

Deux des lames d'écorce produisirent une couche mince de bois et de tissu cortical vers leur point d'attache. Quelques excroissances furent formées à la surface du bois; elles se développèrent tout à fait indépendamment des rayons médullaires, dont les cellules externes étaient mortes et devenues brunes. Les cellules ligneuses de l'année elles-mêmes ne paraissaient pas non plus avoir pris part à leur formation, car toute la couche génératrice était détruite. Ce sont les fibres de l'aubier de l'année précédente qui semblent leur avoir donné naissance, ainsi qu'on peut le voir par la figure 3 $p, p'$, planche 2. Cette assertion est d'autant plus probable que tous les jeunes tissus de l'année n'existaient plus à l'époque de l'observation, le 26 mai, quand les nouvelles productions ne consistaient encore qu'en quelques cellules piriformes. Aujourd'hui, 8 décembre, quelques productions isolées et quelques autres confluentes avec l'écorce subsistent sur le bois. L'une de celles qui sont isolées fut examinée, et elle fut trouvée composée de deux parties : l'une, externe, d'apparence corticale, était purement cellulaire, et ses utricules renfermaient quelques grains d'amidon; l'autre, interne, d'aspect ligneux, n'est formée que de tissu cellulaire comme la première, mais l'amidon y est beaucoup plus abondant.

Cet arbre donna des feuilles et des fleurs comme s'il eût été en parfaite santé, et ses fruits mûrirent très bien.

### Marronnier d'Inde.

*Quatorzième expérience.* — Cet arbre, qui a 12 centimètres de diamètre, fut soumis, le 26 avril, à une décortication annulaire de 47 centimètres de longueur. Un îlet d'écorce de 15 centimètres sur 10 fut laissé du côté du nord.

Bien que les feuilles eussent déjà acquis une grande dimension, l'écorce ne se détachait qu'avec beaucoup de difficulté; c'est pourquoi de nombreuses lamelles d'écorce interne, de grandeur très diverse, ont été conservées principalement du côté du nord-ouest (1).

La partie supérieure de la décortication fut grattée de manière à enlever un peu du bois de l'année précédente tout autour du tronc, si ce n'est dans l'espace de 10 centimètres au sud-est. La largeur de cette partie grattée était de 4 à 5 centimètres.

Le 18 mai, des productions nouvelles étaient nées sur un grand nombre de points de la partie non grattée; elles sont en plaques ou en granulations isolées de dimensions très variables.

Des végétations existent aussi quelquefois à la surface des lamelles d'écorce interne conservées; elles sont d'autant plus remarquables que, sur les bords de ces lames corticales, il n'y a aucun développement utriculaire. Elles sont dues, ainsi que je l'ai dit dans la première partie du mémoire, à l'accroissement des cellules externes de ces lamelles d'écorce. D'autres fois, c'est la partie moyenne de cette écorce qui végète, les utricules externes et les plus internes n'ont pas changé d'état; la couche génératrice n'a pas non plus pris de développement.

Aujourd'hui il ne reste plus de ces productions; toutes ont été détruites par les moisissures. La lame d'écorce laissée du côté du nord continue seule de vivre; cependant l'arbre a végété vigoureusement pendant toute l'année.

## EXPLICATION DES FIGURES.

### PLANCHE 2. (*Robinia* et *Cognassier*.)

Fig. 1. Coupe transversale d'une portion de tige de *Robinia* qui a subi une décortication. — A, bois ou aubier de l'année précédente; *r*, rayons médullaires; V, vaisseaux de cet ancien bois. — B, tissus développés au printemps, partie avant la décortication, partie après cette opération. Le tissu de la couche génératrice resté adhérent au bois était formé de cellules allongées verticalement ou jeunes éléments ligneux; une partie, la plus externe, s'est transformée en tissu cellulaire ordinaire; elle est représentée en *g*; *f* est la partie qui n'avait pas subi de changement; ses éléments ont une forme et une disposition plus régulières; *v* sont des vaisseaux qui existaient dans la

(1) Je ferai remarquer, à cette occasion, qu'il est des arbres qui n'ont pas encore de feuilles, dont l'écorce s'enlève avec beaucoup de facilité, ce qui ne peut avoir lieu que quand de nouveaux tissus se sont déjà formés, tandis qu'il en est d'autres dont la végétation sur le tronc est presque nulle, bien qu'ils soient déjà couverts de feuilles. (*Note de l'auteur.*)

couche génératrice ou jeune tissu ligneux avant la décortication ; ils sont remplis de tissu cellulaire. — On voit par cette figure que les rayons médullaires et les éléments du tissu ligneux ont concouru également à la reproduction utriculaire.

Fig. 2. Coupe longitudinale des tissus représentés transversalement dans la figure précédente. — A, partie de l'ancien bois ; L, fibres ligneuses anciennes ; V, vaisseau du vieux bois contenant du tissu cellulaire, comme on peut le voir à la base de ce vaisseau, qui a été coupée longitudinalement. — B, tissu formé au printemps, partie avant la décortication, partie après l'opération ; *l* représente les cellules allongées, ou jeunes fibres ligneuses, qui n'ont pas changé de forme ; *g* est le tissu cellulaire qui résulte de la dilatation et puis ensuite de la division de ces jeunes cellules ligneuses les plus externes.

Fig. 3. Coupe transversale d'une portion du bois dénudé, sur un tronc de *Cognassier*. — A, bois de l'année précédente ; L, fibres ligneuses ; V, vaisseaux ; r, rayons médullaires. — Toute la couche génératrice restée adhérente au moment de la décortication a été détruite ; la surface du bois offrait de très petits groupes de cellules qui paraissaient être nées des fibres ligneuses anciennes les plus externes, comme le représente la figure en *p*, *p'*. Les rayons médullaires n'ont rien produit ; leurs cellules extérieures étaient mortes et devenues brunes, tandis que dans la figure 1re et les suivantes les rayons médullaires ont concouru comme les autres parties à former les productions nouvelles.

PLANCHE 3. (*Tilleul.*)

Fig. 4. Coupe transversale fournie par le *Tilleul*. — A, A', bois de l'année dernière, dont les fibres ligneuses les plus extérieures sont aplaties et disposées régulièrement en séries ; R, rayons médullaires. — B, jeune bois formé au printemps avant la décortication ; *v*, vaisseaux de ce jeune aubier ; *r*, groupes d'utricules nées des cellules les plus externes des rayons médullaires ; *l*, jeunes cellules ligneuses dilatées ; après cette dilatation, les utricules sont divisées par une cloison, comme en *l'*.

Fig. 5. Coupe transversale prise sur le même *Tilleul* quelques jours plus tard. — A, A', bois de l'année précédente ; V, vaisseaux de ce bois ; R, rayons médullaires. — B, jeune bois formé au printemps avant la décortication. Tous les éléments de ce jeune bois, et la partie la plus externe A' de celui de l'année précédente, ont subi un amincissement dans leur membrane. Les cellules externes des rayons médullaires, R, ont donné lieu à une multiplication utriculaire, quelquefois abondante, en *r*. La multiplication commence aussi en *l*, *l'*, dans les éléments du tissu ligneux. En *g*, cette multiplication s'étend à toute la couche de l'année et même aux fibres ligneuses les plus externes A' de l'année précédente. Les vaisseaux qui existaient primitivement dans la couche de cette année, comme en B, *v*, ont disparu en *g*.

PLANCHE 4. (*Tilia platyphyllos* et *Ulmus rubra.*)

Fig. 6. Coupe longitudinale tirée du *Tilleul*. — A, partie du bois de l'année précédente ; L, fibres ligneuses anciennes ; V, vaisseaux mixtes ponctués et spiroïdaux à la fois, ou simplement ponctués ou réticulés. — B, couche du printemps, dont tous les éléments ont été modifiés, excepté le vaisseau *v* et quelques cellules allongées que l'on remarquait autour de lui : il a été courbé par le tissu cellulaire développé entre lui et le bois ancien ; *l*, cellules qui viennent de se partager en deux.

Fig. 7. A, B, esquisses représentant des coupes longitudinales prises près des bords d'une plaie de l'*Ulmus rubra*. — A, *c*, *c*, tissu cellulaire, dont les éléments sont disposés sans régularité; *m*, cellules mères dans l'intérieur desquelles se sont développées des cellules par la formation de cloisons aux dépens de la matière renfermée dans les cellules mères; *d*, cellule mère, dont l'extrémité *a* n'est pas encore partagée par des cloisons; *b*, cellule qui ne renferme qu'une seule cloison. — B, *c*, *c'*, tissu cellulaire environnant les cellules *e*, régulièrement disposées en séries horizontales, mais dans lesquelles on ne remarque pas de traces des cellules matrices, comme si elles eussent pris la forme qu'elles ont à mesure que la division s'opérait.

PLANCHE 5. (*Paulownia.*)

Fig. 8. Coupe transversale, tirée du *Paulownia.* — A, bois de l'année précédente; V, vaisseaux de ce bois; L, fibres ligneuses; R, rayons médullaires. — B, couche formée au printemps avant la décortication. Une partie de cette couche *a* n'a pas été modifiée; elle renferme des vaisseaux *v* comprimés par le développement qu'a pris l'autre partie *b*; une multiplication des utricules s'est faite dans la partie la plus interne de cette couche, de manière que ses cellules les plus externes, et quelques vaisseaux *v'*, ont été rejetés au dehors. La multiplication s'est opérée dans les rayons médullaires aussi bien que dans les éléments ligneux.

PLANCHE 6. (*Robinia.*)

Fig. 9. Coupe transversale d'une excroissance formée par le *Robinia.* — A, bois de l'année précédente; R, rayons médullaires; V, vaisseaux de ce bois; L, fibres ligneuses. — B, formation du printemps, dont une partie *a* représente l'état de la nouvelle couche au moment de la décortication, et *b* cette couche après les changements qui sont survenus dans son intérieur postérieurement à la décortication. Comme dans la figure précédente, le développement s'étant fait par les cellules les plus internes de la couche génératrice, les éléments les plus externes furent refoulés au dehors par ceux qui ont été produits; *v*, *v'*, sont des vaisseaux qui existaient dans la jeune couche ligneuse à l'époque de l'opération: ceux qui sont en *v'* furent entraînés avec les tissus extérieurs, tandis que les vaisseaux *v*, dont quelques uns contiennent du tissu cellulaire, restèrent à la place où ils sont nés. — Au milieu de l'excroissance est un corps ligneux pourvu de vaisseaux *v''*, et traversé par le prolongement des rayons médullaires R de l'ancien bois, qui vont se terminer dans l'écorce de la protubérance. Vers la partie interne de cette écorce sont quelques petits faisceaux du liber *f*, et plus à l'extérieur des groupes de cellules assez grandes et courtes, à parois très épaisses *d*.

PLANCHE 7. (*Robinia* et *Ulmus.*)

Fig. 10. Coupe longitudinale de l'excroissance, représentée transversalement dans la figure précédente. — A, bois ancien; F, fibres ligneuses; V, petit vaisseau réticulé; *v*, vaisseau coupé longitudinalement, contenant du tissu utriculaire, et qui est resté près du bois ancien; *v'*, vaisseau qui a été refoulé par les tissus B plus nouvellement développés; *c*, couche de tissu cellulaire; *b*, corps ligneux propre à l'excroissance; *v''*, vaisseau ponctué de ce corps ligneux; *f*, faisceau du liber; *d*, groupe de cellules incrustées.

Fig. 11. Coupe longitudinale tirée d'un *Orme.* — A, portion du bois ancien; F, fibres ligneuses; V, vaisseau mixte spiroïdal et ponctué, à ponctuations aréolées. — B, production formée au printemps; C, tissu cellulaire primitivement rapproché du bois A, dont il a été éloigné par les tissus *e*, *d*, développés plus récemment; *d* représente les plus jeunes cellules qui se divisent ultérieurement par des cloisons transversales. C'est au milieu de ce tissu cellulaire que naissent plus tard le corps ligneux et les parties corticales de l'excroissance.

PARIS. — Imprimerie de L. MARTINET, rue Mignon, 2.

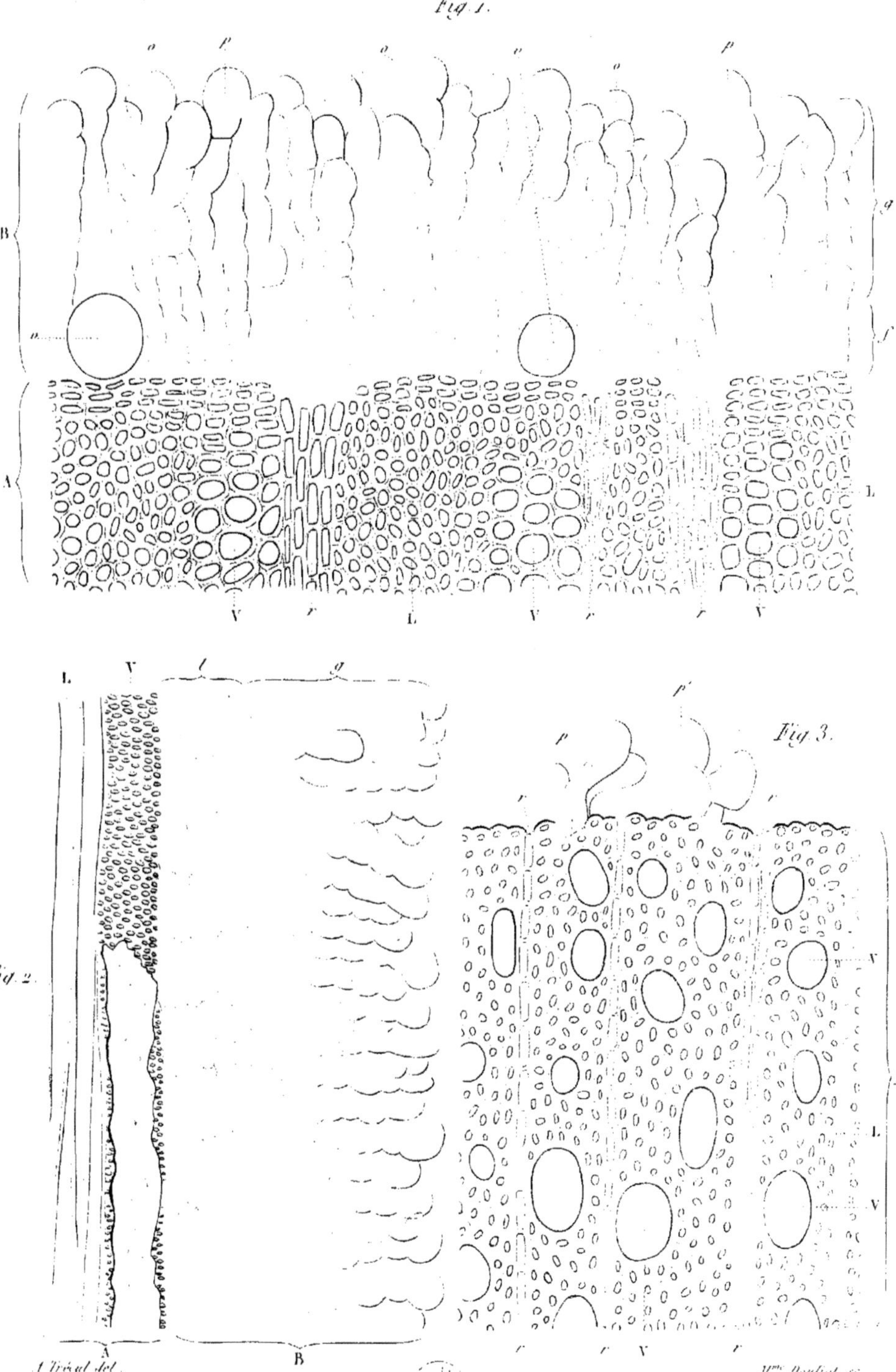


A. Trécul del. Mme Douliot sc.

1. 2. Robinia. 3. Coignassier.

N. Remond imp. r. des Noyers, 45 Paris.

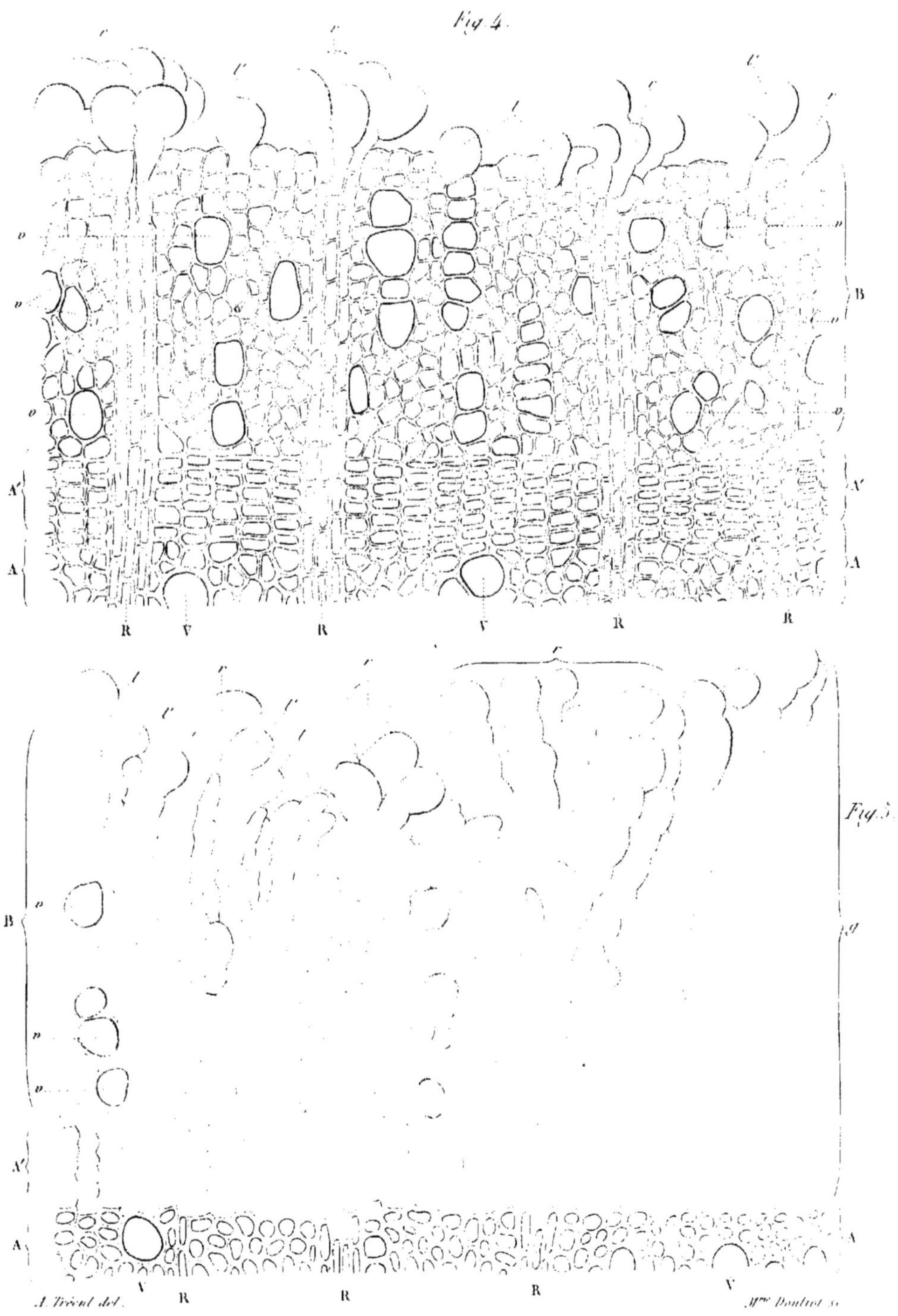


A. Trécul del. Mme Doulot sc.

Tilleul.

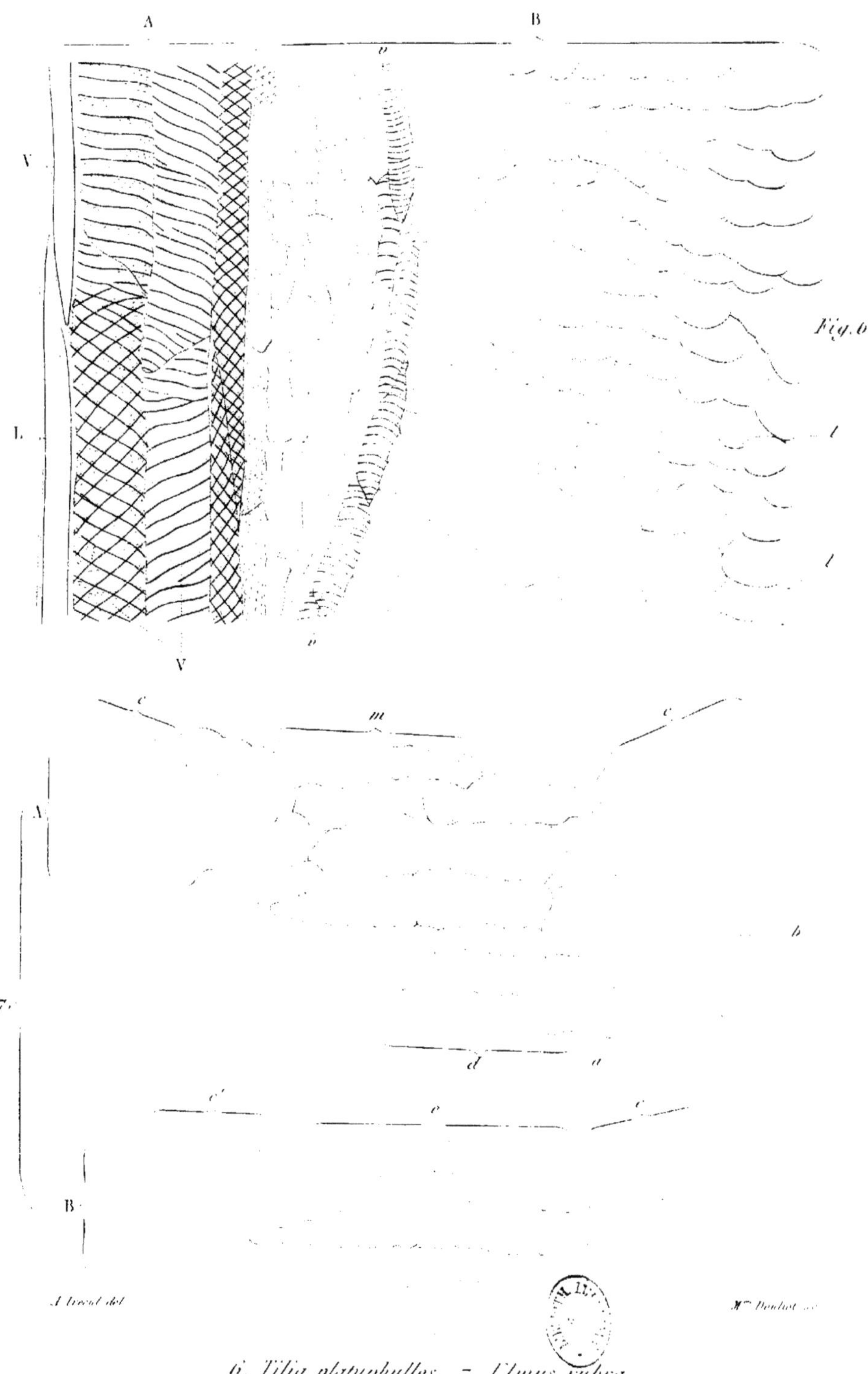


A. Trécul del. Mme Boulot sc.

6. Tilia platyphyllos. 7. Ulmus rubra.

N. Rémond imp. r. des Noyers 65 Paris

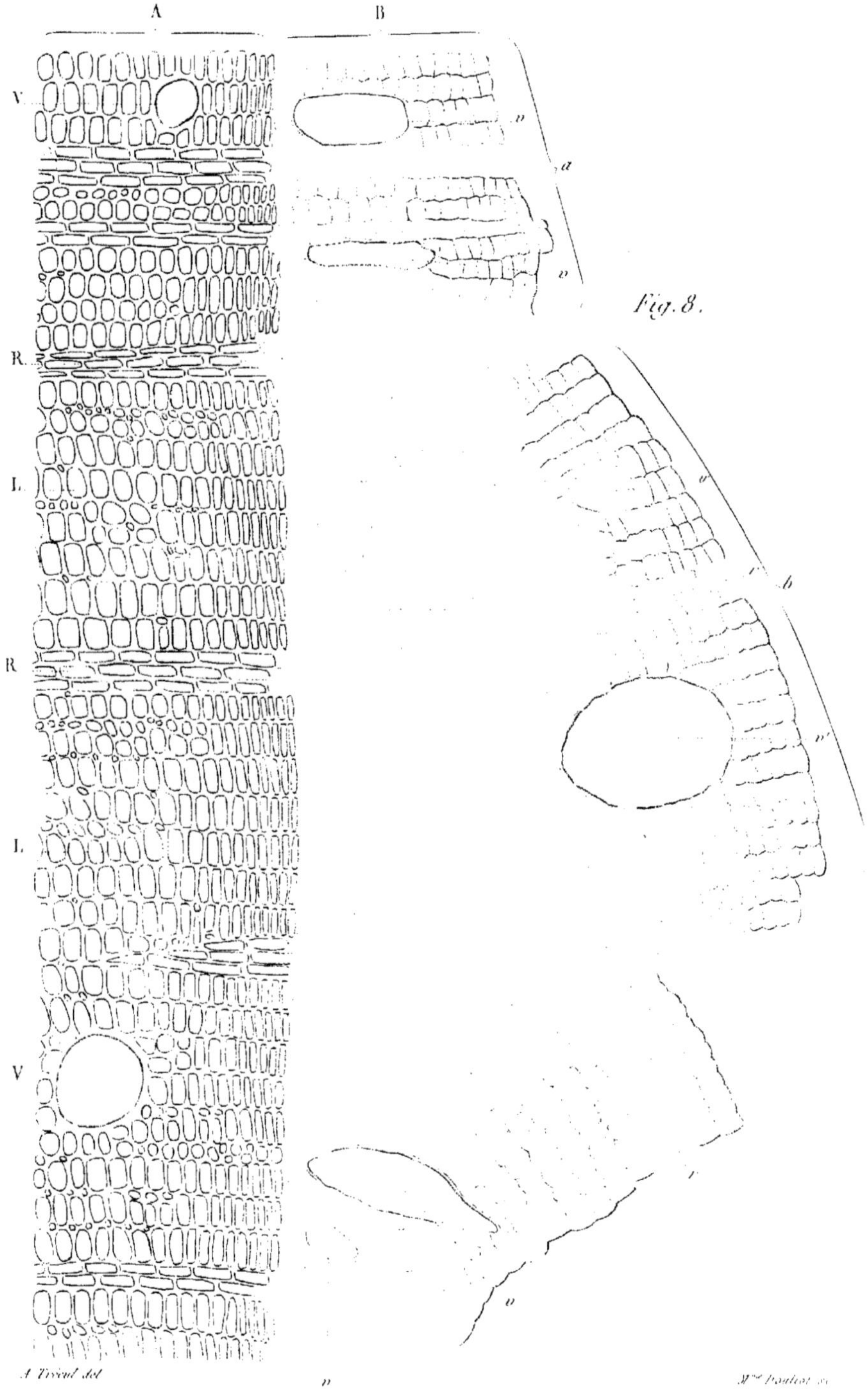


A. Trécul del. M.me Poulot sc.

*Paulownia imperialis.*

N. Rémond imp. r. des Noyers, 63. Paris.

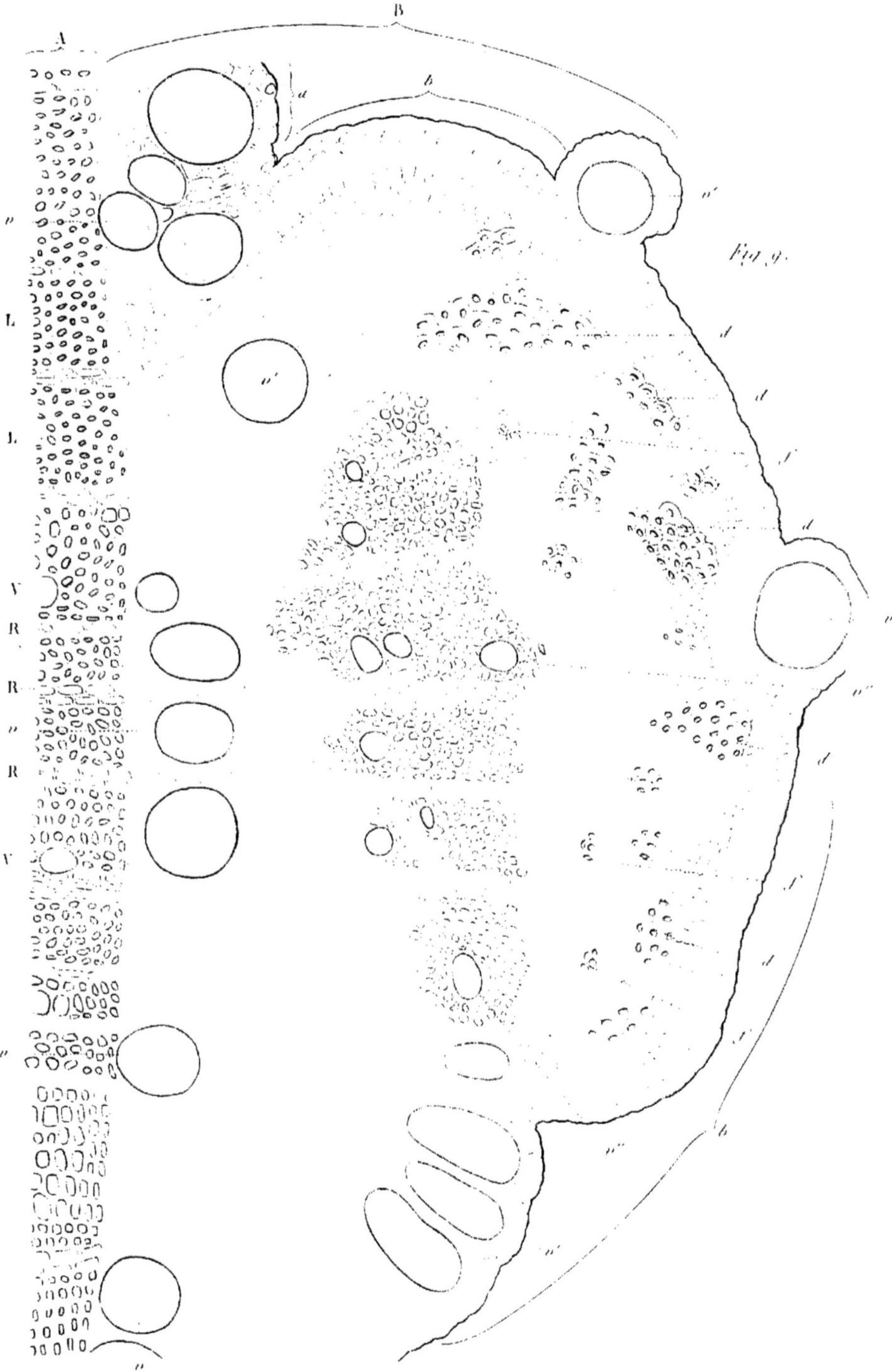


A. Trécul del.

Robinia pseudo-acacia.

Imp. Lemercier, Paris

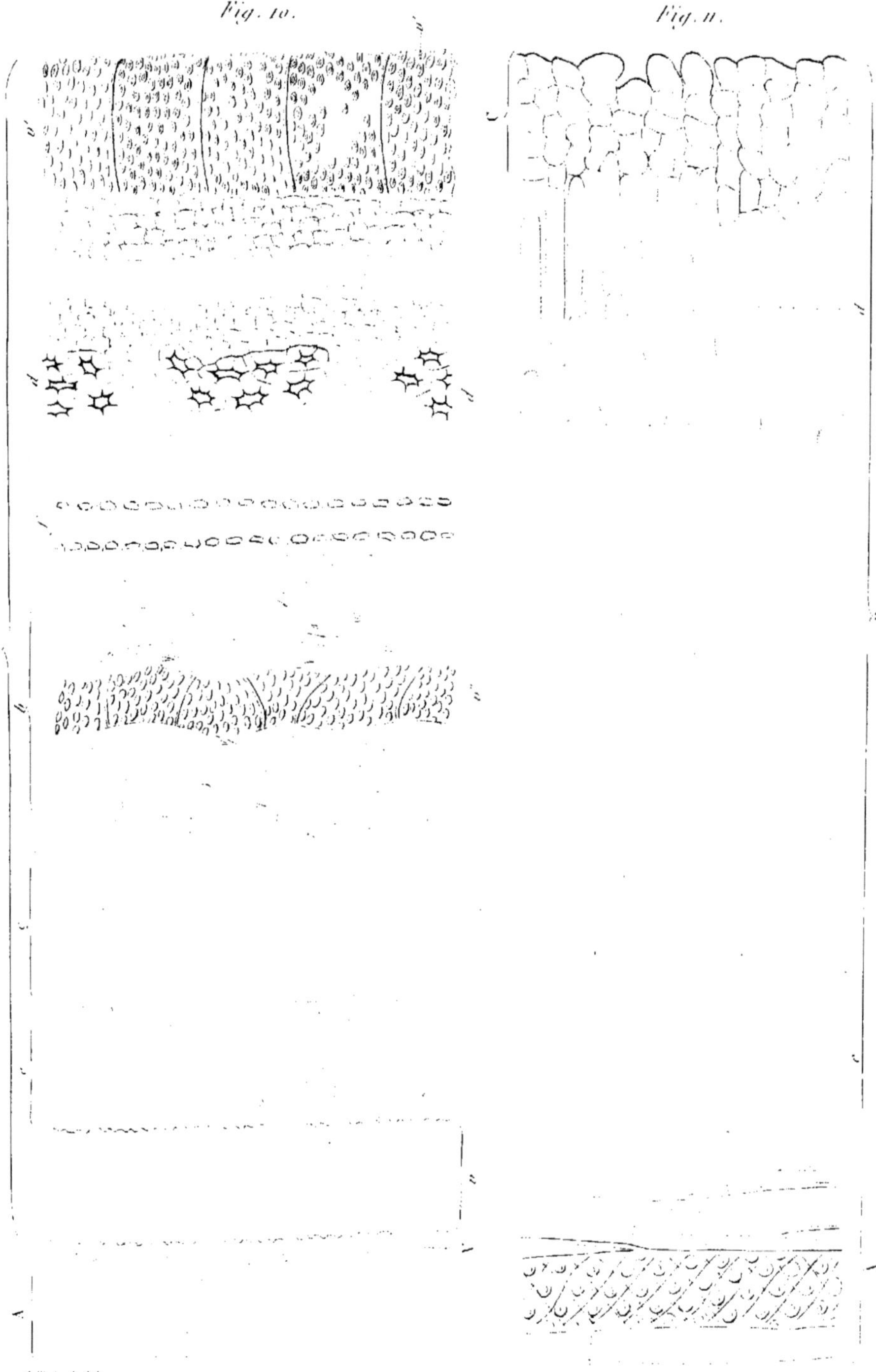


10. Robinia. 11. Ulmus.

A. Remond imp. r. des Noyers, 63. Paris.